享受夾進各種食材、淬鍊美味餐點的樂趣

魔法道具・熱壓烤盤的 繽紛料理秀

三悅文化

熱壓三明治烤盤！

沒有比這個更加方便的烹飪道具了。

不管什麼料理都能變美味！

[熱壓三明治]
＋
[料理]

不光是熱壓三明治，熱壓三明治烤盤也能簡單、出色地完成烤過後會變得更好吃的料理。

hot
sandwich
maker

熱壓三明治烤盤的便利性，是鍋子或平底鍋難以抗衡的

◎熱壓三明治烤盤這個烹調道具最大的特徵，就是底面和蓋子那面都能直接放到火上加熱。因此，它能夠做出鍋子、平底鍋、烘焙烤箱都無法比擬的熱壓三明治風味。除此之外，相較於其他烹調道具，它還能更簡單地製作各式各樣的料理。

◎輕巧的外觀也是它的魅力之一。整理、收拾起來都很輕鬆，最適合用來快速地製作一人份的料理。

☐ 製作一人份剛剛好

☐ 翻面不會失敗

☐ 透過加壓，讓美味得以濃縮

☐ 事後清潔很輕鬆

☐ 也可以直接當成保溫的餐具

☐ 整理或收拾都很方便

☐ 便於攜帶到各種地方

☐ 廚房或戶外都是重要道具

◉ 本書所使用的熱壓三明治烤盤 ◉

本書收錄的食譜，會使用到三種熱壓三明治烤盤。
它們各擁特長，請大家依照自己的喜好去選擇使用的款式。

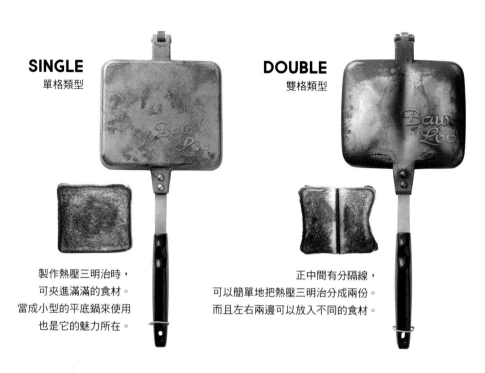

SINGLE
單格類型

製作熱壓三明治時，
可夾進滿滿的食材。
當成小型的平底鍋來使用
也是它的魅力所在。

DOUBLE
雙格類型

正中間有分隔線，
可以簡單地把熱壓三明治分成兩份。
而且左右兩邊可以放入不同的食材。

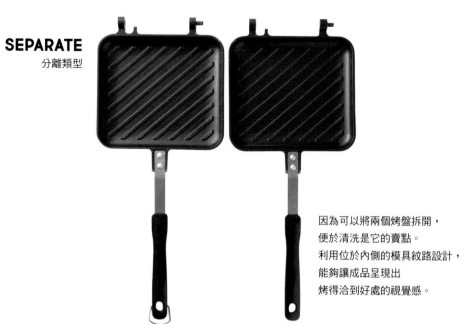

SEPARATE
分離類型

因為可以將兩個烤盤拆開，
便於清洗是它的賣點。
利用位於內側的模具紋路設計，
能夠讓成品呈現出
烤得恰到好處的視覺感。

享受夾進各種食材、淬鍊美味餐點的樂趣

魔法道具‧熱壓烤盤的 繽紛料理秀

C O N T E N T S

Part **①**

極品 熱壓三明治 的食譜

11

◎擺上去、夾起來、拿去烤就完成！

◎讓剩餘的熟菜再次復甦

【 關於本書食譜的使用法 】
① 1 小匙為 5ml、1 大匙為 15ml、1 杯為 200ml。
② 微波爐的加熱時間以使用 600W 類型的場合為參考基準。如果是 500W 的話請改 1.2 倍、700W 的話則是改為 0.9 倍。
③ 熱壓三明治烤盤的火候控制與烘烤時間為參考基準。過程中請適時打開蓋子，確認一下烘烤的程度。

Part ②

用熱壓三明治烤盤就能製作的快捷料理

◉ 極品熱壓三明治的製作法 ◉

以熱壓三明治廣獲好評的登山小屋餐食館在這裡公開能做得更美味的祕訣。
雖然很簡單，但其中都蘊藏著人氣店家的豐富料理知識喔。

How to make Hot Sandwich

 ⇒  ⇒  ⇒

1 在兩片吐司各自的其中一面擠出美乃滋。先沿著吐司邊繞一圈，然後再擠滿整面，就是竅門所在。

2 在其中一片吐司已經擠上美乃滋的那面，一邊思考完成後切開的斷面樣貌、一邊擺上食材。

3 在食材上蓋上另一片吐司，用雙手輕壓，靜置入味。調整兩片吐司的方向把它們擺整齊，會讓成品的外觀更美觀。

POINT 使用美乃滋，是為了讓吐司與食材、兩片吐司四個邊的貼合更加緊密。而且還能藉由濃郁的油脂成分，讓吐司邊吃起來也能很美味。經過烘烤後，美乃滋的風味也會變得更加柔和。

& MORE 根據夾進去的食材或熱壓三明治烤盤的不同，擠出美乃滋的方式可以分成三個類型。

〈A〉擠滿吐司的整面
〈B〉只在吐司的邊緣
　　擠出線狀
　　（單格類型熱壓三明
　　治烤盤的場合 ）
〈C〉邊緣和中央
　　都擠出線狀
　　（雙格類型熱壓三明
　　治烤盤的場合）
至於要採用哪一種，請參考
P11 ～的各品項食譜進行。

[擠出美乃滋的三種方式]

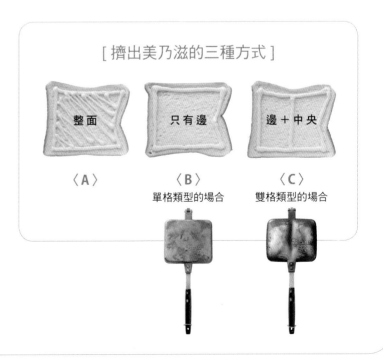

整面	只有邊	邊＋中央
〈A〉	〈B〉	〈C〉
	單格類型的場合	雙格類型的場合

 →  →

4 在熱壓三明治烤盤兩面的內側塗上薄薄的一層奶油。使用矽膠刷的話就會很便利。

5 把夾進食材的吐司放進熱壓三明治烤盤，用雙手輕壓後，闔上熱壓三明治烤盤。

6 打開瓦斯爐，就可以開始進行烘烤。

POINT 塗抹奶油是為了烘烤出酥脆的口感，香氣也會變得更加誘人。根據食譜的不同，會出現只在熱壓三明治烤盤的單面內側塗抹，或者是不塗抹奶油等情況，因此請參考 P11～的各品項食譜進行。

POINT 用稍強的弱火，單面烘烤 3 分鐘，然後反過來再烤 3 分鐘是時間拿捏的基準，但是火侯控制也會因為食材差異而有所變化，因此請參考 P11～的各品項食譜進行。過程中請適時打開蓋子，確認一下烘烤的程度。

⇓

這樣就烤好了！

[關於這本書]

在這本書收錄的熱壓三明治食譜中

① 標示的是**兩片吐司**的量使用的食材。
食材擺放的順序以數字標示，請參考記述進行。

② 省略了**在熱壓三明治烤盤內側塗抹奶油**的記述。
沒有特別說明的食譜，請依照本頁上方步驟 4 的說明，在熱壓三明治烤盤內側塗上薄薄的一層奶油。

③ 擠出美乃滋的方式（左頁），以及烘烤時間、火候控制會用圖標的方式在各食譜中表示。

《烘烤法》

單面　　　另一面
弱火（稍強）　弱火（稍強）

吐司

選擇最適合熱壓三明治的吐司！

熱壓三明治的魅力除了食材之外，好吃的吐司也是品嚐的重點。選擇的時候要以厚度和種類為基準，來挑出最適合自己的吐司。

在《西荻 Hütte》的廚房等待登場的吐司

Bread thickness
最適宜的類型，就是四角形的 8 片切

推薦

8 片切

因為山型吐司沒辦法放進熱壓三明治烤盤，所以請使用四角形的品項吧。如果選用 8 片切的話，無論是什麼食材都能製作出平衡度佳的成品。

太薄

10 片切

缺乏能支撐較多食材的強度。放進熱壓三明治烤盤時也會出現空際，導致難以施加壓力。

太厚

6 片切

因為無法夾進較多的食材，所以食材和吐司之間的平衡度不佳。此外，容易讓人光吃吐司的部分就飽了。

Types of bread
根據食材來變化種類也很有意思

葡萄乾吐司

和甜點類的熱壓三明治很契合。和使用雞肉或豬肉的西洋風熱壓三明治也意外地搭配。

核桃吐司

如果是只使用火腿和起司這類簡單食材製作的場合，堅果的香氣和口感會很相襯。

黑麥吐司

能品嚐到香氣和些微酸味的吐司。跟富有個性風味的起司搭香腸、奶油起司搭煙燻鮭魚等組合是好搭檔。

全麥吐司

能享受脆脆口感的吐司。無論碰上什麼食材都是百搭。如果各位老是在吃一般的吐司，請務必嘗試看看。

切法

要完成熱壓三明治時，切法就是關鍵

熱壓三明治的風味並不只是來自於吐司表面的烘烤狀態，像是切法、切口處的美味等也會促使變化。

How to Cut
切開的時機，要選在烘烤完成、讓成品稍微靜置之後

 ⇒

...... 使用有鋸齒的麵包刀，就可以輕鬆地切出漂亮的形狀

1 為了讓食材更加入味，剛烤好的熱壓三明治請放在砧板上，靜置 30 秒〜1 分鐘左右。

2 用一隻手輕輕壓著，然後像是使用鋸子那樣水平下刀切開。

Cutting Styles
改變切開的方法，從中發現嶄新的美味吧

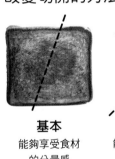
基本
能夠享受食材的分量感

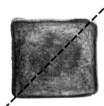
三角形
能清楚地看到食材，便於食用

四重奏
將切口處朝上擺盤，呈現豪華感

筆記本
最適合放入餐盒裡面

四方形
因為切成一口的大小，也適合當成佐酒小點

眼鏡
切口處的樣子很像眼鏡，時髦的分切法

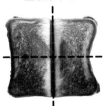
雙重四方形
能毫不費力地切成一口大小

9

本書的食譜提供者
《 西荻 Hütte 》

位於東京・JR 中央線「西荻漥」車站南口的高人氣登山小屋餐食館。
在小酒館林立的小街道中，展現出搶眼的熱鬧喧騰感。

◎店名中使用的「Hütte」是來自於德文，意思就是登山小屋。如同其名，這裡是宛如登山小屋那樣讓眾人在此相聚、高談闊論的場所。在這間讓喜愛小酌、喜愛美味餐點的人們自然而然地齊聚一堂的店裡，大家經常相互邀約要去露營或是釣魚。

◎這本書收錄了《西荻 Hütte》在店內提供、超過 200 款的熱壓三明治中特別嚴選出來的食譜，以及為了本書開發的原創食譜。除此之外，也為各位獻上了具有登山小屋餐食館風格、活用了熱壓三明治烤盤製作的料理食譜。

Part : 1

極品熱壓三明治
的食譜
Recipes of Hot Sandwich

無論是熟悉的食材還是令人意外的食材，
每樣東西都能烤出極佳美味。
這是使用熱壓三明治烤盤才能完成的熱壓三明治食譜集錦。

用手邊的東西製作就能獲得大大的滿足

擺上去、夾起來、拿去烤就完成！

用三明治的經典食材來製作熱壓三明治

鮪魚沙拉三明治

【食材】

① 小黃瓜（長 8cm× 厚 5mm）…2 片

② 切達起司（切半）…1 片的量

③ 鮪魚沙拉（將適量的美乃滋和罐裝鮪魚一起攪拌均勻）…適量

【製作方法】

1 在兩片吐司上擠出整面的美乃滋，其中一片依序擺上食材，再將另一片吐司蓋上去，進行烘烤。

POINT

如果在鮪魚沙拉中摻進切碎的洋蔥或橄欖、刺山柑等食材會很美味。如果鮪魚沙拉的水分過多的話，請濾掉一些再夾進吐司裡。

《美乃滋》　《烘烤法》

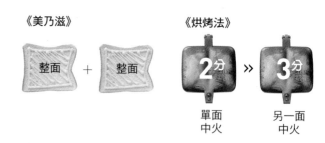

整面 ＋ 整面　　2分 ≫ 3分

單面　　另一面
中火　　中火

把三種黃金食材全都一起夾進去

馬鈴薯沙拉三明治

【食材】

① 燻火腿…2 片

（其中一片於製作時的步驟 2 使用）

② 馬鈴薯沙拉…適量

③ 水煮蛋

（在煮沸的水中煮 6 分半鐘）…1 個

【製作方法】

1 在兩片吐司上擠出整面的美乃滋，其中一片依序擺上食材（火腿只用 1 片）。

2 另一片吐司擺上 1 片火腿後，再蓋在 1 上面，進行烘烤。

POINT

擠在吐司上的美乃滋的量要多一點。

燻火腿的部分改用其他類型的火腿當然也沒問題。

《美乃滋》　《烘烤法》

整面 ＋ 整面　　3分 ≫ 3分

單面　　另一面
弱火（稍強）　弱火（稍強）

熱壓三明治，擺上去、夾起來、拿去烤就完成！

13

黏～稠！熱騰騰的醬料和起司令人沉醉其中

庫克先生三明治

【食材】

① 白醬（市售品也可以）…4 大匙

② 喜歡的火腿…要幾乎能蓋住吐司的一面

③ 融化型起司…片狀的話 2 片、披薩用的話 4 大匙（每次使用一半）

④ 切碎的巴西利…少許

【製作方法】

1 在兩片吐司各自的其中一面，各用 1 大匙白醬塗滿整面。一片擺上火腿和一半的起司，再將另一片吐司蓋上去。

2 在蓋上去的吐司上也塗上白醬（2 大匙），再放上剩餘的起司和巴西利，最後蓋上配合吐司大小所裁切的烘焙紙，進行烘烤。

POINT

熱壓三明治烤盤接觸烘焙紙的那一面不塗抹奶油。火腿則推薦使用較厚的豬梅花火腿或無骨火腿。

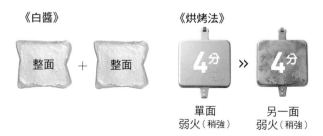

《白醬》

整面 ＋ 整面

《烘烤法》

4分 >> **4**分

單面　　　　　另一面

弱火（稍強）　弱火（稍強）

烤過之後香氣撲鼻的竹筍非常好吃

烤竹筍三明治

【食材】
① 豬五花肉（可以的話切厚一點）⋯2 片
② 竹筍（水煮）⋯適量
③ 披薩用起司⋯1 小撮
④ 鴨兒芹（稍微切一下）⋯1 小撮

【製作方法】
1 將豬五花肉撒上鹽跟胡椒（較多）後拿去煎，竹筍用烤箱等烤到出現焦色。
2 在兩片吐司上擠出整面的美乃滋，其中一片依序擺上食材，再將另一片吐司蓋上去，進行烘烤。

POINT

如果能找到生竹筍的話，請嘗試水煮後使用看看！
不管是口感還是香氣都截然不同。
使用山藥或南瓜來代替竹筍也很美味。

《美乃滋》
整面 ＋ 整面

《烘烤法》
3分 ≫ 3分
單面　　　　另一面
弱火（稍強）　弱火（稍強）

熱壓三明治・擺上去、夾起來、拿去烤就完成！

15

用烤到酥酥脆脆的麵包取代披薩餅皮

瑪格麗特披薩風三明治

【食材】
① 番茄醬（市售品也可以）…2 大匙
② 巴西利葉…2 片
③ 披薩用起司…2 大匙
④ 莫札瑞拉起司（片狀）…1 片
⑤ 巴西利葉…適量（點綴用）

【製作方法】
1 沿著兩片吐司的邊緣擠出美乃滋，其中一片塗上番茄醬、接著擺上巴西利、披薩用起司，最後再將另一片吐司蓋上去。
2 在蓋上 1 的吐司上擺上莫札瑞拉起司和點綴用的巴西利，最後蓋上配合吐司大小所裁切的烘焙紙，進行烘烤。

POINT

熱壓三明治烤盤接觸烘焙紙的那一面不塗抹奶油。
也可以用剩餘的番茄類義大利麵醬料代替番茄醬。

《白醬》

只有邊 ＋ 只有邊

《烘烤法》

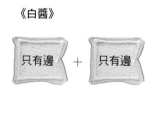 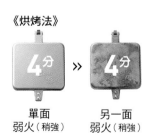

單面　　　　　另一面
弱火（稍強）　弱火（稍強）

黏稠的起司調合了整體

生火腿與芝麻菜三明治

【食材】
① 生火腿…適量
② 馬斯卡彭起司…2 大匙
③ 無花果…1/2 個（切成 2 等分）
④ 芝麻葉…1 小撮

【製作方法】
1 沿著一片吐司的邊緣擠出美乃滋，接著依序擺上食材，撒上 1 小撮的鹽（分量外）和少許橄欖油（分量外）。
2 在另一片吐司上擠出整面的美乃滋，最後蓋在 1 上，進行烘烤。

POINT

使用弱火慢慢加熱會在分切時
讓馬斯卡彭起司流出來，
所以用中火進行短時間的烘烤是訣竅所在。

《美乃滋》　　　　　　《烘烤法》

只有邊　＋　整面　　　　3分 ≫ 2分
　　　　　　　　　　　單面　　另一面
　　　　　　　　　　　中火　　中火

熱壓三明治．擺上去、夾起來、拿去烤就完成！

讓冷掉的炸魚出色地復活

炸魚三明治

【食材】

① 小黃瓜（長 8cm× 厚 5mm）…3 片

② 紫蘇葉…2 片

③ 喜歡的炸魚肉
　（白身魚、竹莢魚等等）…1 片

④ 塔塔醬（市售品也可以）…2 大匙

【製作方法】

1 在一片吐司上擠出整面的美乃滋，接著依序擺上食材。另一片吐司沿著邊緣擠出美乃滋，最後蓋上去，進行烘烤。

POINT

如果炸魚肉太大片的話，請配合吐司的大小分切後使用。
如果是使用手作塔塔醬的場合，請添加 1 小匙的麵包粉，這樣在烘烤的時候就比較不會讓醬料流出來。

《美乃滋》　　　　　　　　《烘烤法》

整面　＋　只有邊　　　　4分　≫　3分

　　　　　　　　　　　單面　　　另一面
　　　　　　　　　　　弱火（稍強）　弱火（稍強）

集合和半片很搭的食材，成為完成型態

半片起司三明治

【食材】

① 明太子（剝散）…2 小匙
② 紫蘇葉…2 片
③ 烤海苔（4×8cm）…2 片
④ 半片（4×8cm）…2 片
⑤ 披薩用起司…2 大匙

【製作方法】

1 在兩片吐司上擠出整面的美乃滋，其中一片塗上明太子，接著依序擺上食材，再將另一片吐司蓋上去，進行烘烤。

POINT

也可以用調味海苔代替烤海苔。
如果替換的話，請減少擠在吐司上的美乃滋量。

《美乃滋》

 整面　+　整面

《烘烤法》

 》

單面　　　　另一面
弱火（稍強）　弱火（稍強）

熱壓三明治‧擺上去、夾起來、拿去烤就完成！

用手作醬料增添辛香風味

莎莎醬香腸三明治

【食材】

❖的製作法請參照右下的食譜

① 香草香腸…4 條

② 披薩用起司…2 大匙
　（切達起司也可以）

③ ❖莎莎醬…1 大匙

④ 芫荽（大致切一下）…1 小撮

【製作方法】

1 沿著一片吐司的邊緣和中央擠出美乃滋，接著依序擺上食材。在另一片吐司上擠出整面的美乃滋，最後蓋上去，進行烘烤。

POINT

如果是使用市售莎莎醬的場合，請添加 1 小匙的麵包粉，這樣在烘烤的時候就比較不會讓醬料流出來。

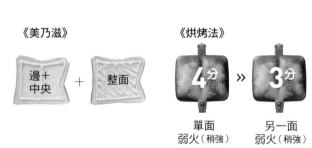

《美乃滋》
邊＋中央　＋　整面

《烘烤法》
4分 》 3分
單面　　　　另一面
弱火（稍強）　弱火（稍強）

【❖[莎莎醬] 的食譜】（容易製作的分量）

將切碎的洋蔥（1 大匙）撒上鹽（少許）後搓揉，擰去水分。接著加入青椒（1/2 個，切碎）、小番茄（2 個，大致切一下）、芫荽莖（5cm 的量，切碎）、青辣椒（1/2 條，切碎）、萊姆果汁（1/6 個的量）、蒜泥（1/4 片的量）、鹽（適量）、塔芭斯科醬（適量）攪拌調合。

如果午餐肉有剩的話就做這道

豬肉蛋三明治

【食材】
① 烤海苔（4×8cm）…2 片
② 豬肉午餐肉（4×8cm）…2 片
③ 甜味玉子燒（4×8cm）…2 條

【製作方法】

1 在兩片吐司上擠出整面的美乃滋，其中一片依序擺上食材，再將另一片吐司蓋上去，進行烘烤。

POINT

也推薦大家可以增加起司的量，並撒上黑胡椒。

《美乃滋》
整面 ＋ 整面

《烘烤法》
4分 ≫ **3**分
單面
弱火（稍強）
另一面
弱火（稍強）

熱壓三明治・擺上去、夾起來、拿去烤就完成！

剩下來的東西竟然如此美味！
讓剩餘的熟菜再次復甦

將「日本的國民美食」美味再升級
咖哩三明治

【食材】
① 咖哩（剩下的，或即食食品）…3 大匙
② 披薩用起司…2 大匙
③ 水煮蛋
　　（在煮沸的水中煮 6 分半鐘）…1 個

【製作方法】
1 在兩片吐司上擠出整面的美乃滋，其中一片依序擺上食材，再將另一片吐司蓋上去，進行烘烤。

POINT

咖哩可以直接在冷卻狀態下夾進去。
如果咖哩太稀的話，可以適量加入麵包粉來調整濃稠度。

《美乃滋》
整面 ＋ 整面

《烘烤法》
4分 ≫ 4分
單面　　　　　另一面
弱火（稍強）　弱火（稍強）

洋溢奶香味的焗烤熱騰騰地甦醒了
焗烤通心粉三明治

【食材】
① 焗烤通心粉（剩下的）…4 大匙
② 披薩用起司…2 大匙
③ 巴西利葉…適量

【製作方法】
1 在兩片吐司上擠出整面的美乃滋，其中一片依序擺上食材，再將另一片吐司蓋上去，進行烘烤。

POINT

在焗烤加入數滴塔巴斯科醬再進行烘烤的話也很美味。
如果有的話，可以削入一些帕馬森起司，讓味道更濃郁。

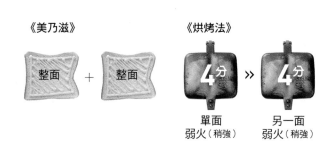

《美乃滋》
整面 ＋ 整面

《烘烤法》
4分 ≫ 4分
單面　　　　　另一面
弱火（稍強）　弱火（稍強）

熱壓三明治・讓剩餘的熟菜再次復甦

青背魚和呈現酸味的醃菜相當契合！

鹽烤鯖魚三明治

【食材】

❖的製作法請參照右下的食譜

① 紫蘇葉…2 片

② ❖紅白蘿蔔醃菜

　　…2 大匙，盡可能擰去水分

③ 鹽烤鯖魚（切成 3cm 寬）…2 片

④ 紫洋蔥（切薄片）…1 小撮

【製作方法】

1 在兩片吐司上擠出整面的美乃滋，其中一片依序擺上食材，再將另一片吐司蓋上去，進行烘烤。

POINT

在鯖魚剛烤好的時候撒上一些檸檬汁，就能淡化魚腥味。

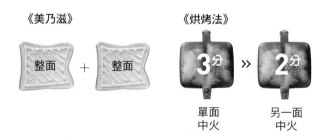

《美乃滋》　整面 ＋ 整面

《烘烤法》　**3**分 ≫ **2**分

單面　　　　另一面
中火　　　　中火

【❖[紅白蘿蔔醃菜] 的食譜】（容易製作的分量）

將蘿蔔與紅蘿蔔（各 5cm 的量）細切成 5mm 寬，撒鹽（3 小撮）後搓揉，變軟後盡可能擰去水分，最後加入砂糖（2 小匙）和醋（3 小匙）攪拌調合。

經典的肉料理＋高麗菜就是黃金組合

薑汁燒肉三明治

【食材】
① 高麗菜（切絲）…1 小撮
② 薑汁燒肉…適量

【製作方法】
1 在兩片吐司上擠出整面的美乃滋，其中一片依序擺上食材，再將另一片吐司蓋上去，進行烘烤。

POINT

製作薑汁燒肉時，建議可多放點洋蔥。
高麗菜絲切成 5mm 寬左右的粗細，
既美味又能留下口感。水分也比較不容易釋出。

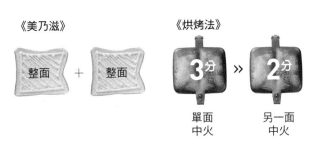

《美乃滋》
整面 ＋ 整面

《烘烤法》
3分 » **2分**
單面　　另一面
中火　　中火

甜薑和烤過的獅子唐青辣椒是重點所在

烤雞肝三明治

【食材】

① 甜薑…6 片

② 烤雞肝串的雞肝（醬燒）
　　…2 串左右的量

③ 烤雞肝串的長蔥（醬燒）
　　…2 串左右的量

④ 獅子唐青辣椒（烤過）…4 條

【製作方法】

1 在兩片吐司上擠出整面的美乃滋，其中一片鋪上甜薑，從烤串上取下雞肝和長蔥後擺上去，再放上烤過的獅子唐青辣椒，最後將另一片吐司蓋上去，進行烘烤。

POINT

除了雞肝以外，使用其他種類的烤雞肉串也很美味。
如果有的話，可淋上剩餘的醬料，讓美味程度再升級。

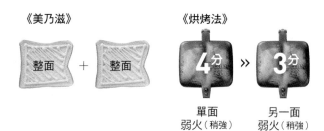

《美乃滋》

整面 ＋ 整面

《烘烤法》

4分 》 3分

單面　　　　　　另一面
弱火（稍強）　　弱火（稍強）

使用較多的肉，製作出擁有咬勁的一品

叉燒蛋三明治

【食材】

① 叉燒（切片）…適量
② 長蔥（薄切）…5cm
③ 披薩用起司…2 大匙左右
④ 荷包蛋…1 個

【製作方法】

1 在兩片吐司上擠出整面的美乃滋，其中一片鋪滿叉燒肉，再依序擺上剩下的食材，最後將另一片吐司蓋上去後，進行烘烤。

POINT

叉燒肉選用豬五花肉或是豬梅花肉來製作都是可以的。

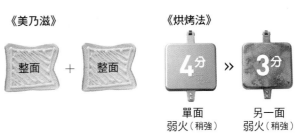

《美乃滋》

整面 ＋ 整面

《烘烤法》

4分 ≫ 3分

單面
弱火（稍強）

另一面
弱火（稍強）

熱壓三明治‧讓剩餘的熟菜再次復甦

27

美味的程度更勝炒麵麵包

醬料炒麵三明治

【食材】

① 醬料炒麵…適量

② 紅薑（切絲）…1 大匙

③ 海苔粉…少許

④ 荷包蛋…1 個

【製作方法】

1 在兩片吐司上擠出整面的美乃滋，其中一片鋪上炒麵，撒上紅薑、海苔粉。荷包蛋撒上一點鹽和胡椒（分量外）後放上去，最後再將另一片吐司蓋上去，進行烘烤。

POINT

美乃滋也可以替換成黃芥末美乃滋。

炒麵即使不是醬料風味也一樣很好吃。

也可以嘗試夾進炒麵飯。

《美乃滋》　　整面 ＋ 整面

《烘烤法》　　3分 》 2分

單面中火　　另一面中火

為廣受歡迎的義大利麵添加起司

鱈魚子義大利麵三明治

【食材】
① 烤海苔（4×8cm）···2 片
② 紫蘇葉···2 片
③ 鱈魚子奶油義大利麵···適量
④ 披薩用起司···1 大匙

【製作方法】
1 沿著兩片吐司的邊緣擠出美乃滋，其中一片依序擺上食材，再將另一片吐司蓋上去，進行烘烤。

POINT

也推薦使用比食譜記載量更多的紫蘇葉。也可以用巴西利來代替海苔、紫蘇葉，另外也可以改用日式拿坡里義大利麵或肉醬義大利麵來夾進去。

《美乃滋》　只有邊　＋　只有邊

《烘烤法》　3分　》　2分

單面中火　　另一面中火

熱壓三明治・讓剩餘的熟菜再次復甦

甜滋滋、鬆軟又熱呼呼的地瓜，和肉的鹹味極為相襯

拔絲地瓜與豬肉三明治

【食材】

① 鹽和胡椒調味的豬五花肉⋯6 片
② 拔絲地瓜⋯4 個左右（切成一口大小）
③ 紫洋蔥（切片）⋯1 小撮
④ 披薩用起司⋯2 大匙

【製作方法】

1 在兩片吐司上擠出整面的美乃滋，其中一片依序擺上食材，再將另一片吐司蓋上去，進行烘烤。

POINT

也可以使用一般的洋蔥，
但是黃色的地瓜和紫洋蔥的組合會讓成品變得很美觀。

《美乃滋》

整面　＋　整面

《烘烤法》

 »

4分　»　3分

單面
弱火（稍強）

另一面
弱火（稍強）

甜辣口味的雞肉燥，和甜甜的玉子燒是好夥伴！

雞肉燥三明治

【食材】

① 烤海苔（4×8cm）⋯2 片
② 雞肉燥⋯2 大匙
③ 甜味玉子燒（2×7cm）⋯2 條
④ 披薩用起司⋯2 小匙
⑤ 鴨兒芹（大致切一下）⋯1 把

【製作方法】

1 在兩片吐司上擠出整面的美乃滋，其中一片依序擺上食材，再將另一片吐司蓋上去，進行烘烤。

POINT

如果不使用玉子燒，
也可以增加砂糖的量，製作成炒蛋來夾進去。

《美乃滋》

整面 ＋ 整面

《烘烤法》

4分 ≫ 3分

單面
弱火（稍強）

另一面
弱火（稍強）

熱壓三明治・讓剩餘的熟菜再次復甦

31

味噌和起司這對發酵食品夥伴，契合度絕佳

回鍋肉三明治

【食材】
① 回鍋肉…適量
② 披薩用起司…2 大匙

【製作方法】
1 沿著一片吐司的邊緣和中央擠出美乃滋，接著依序擺上食材。
2 在另一片吐司上擠出整面的美乃滋，最後蓋到 **1** 上，進行烘烤。

POINT

回鍋肉擺上去之前，要把湯汁瀝乾。
因為起司和味噌非常搭，
所以也可以嘗試使用其他加入味噌翻炒的料理。

《美乃滋》

邊＋中央　＋　整面

《烘烤法》

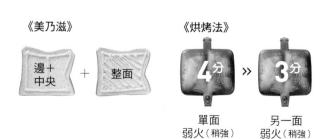

4分 》 3分

單面
弱火（稍強）

另一面
弱火（稍強）

韓國料理的熟菜，也能和吐司搭配得很完美

雜菜三明治

【食材】
① 雜菜…適量
② 焙煎白芝麻…1 小匙

【製作方法】
1 在兩片吐司上擠出整面的美乃滋，其中一片鋪上雜菜，再撒上白芝麻，最後再將另一片吐司蓋上去，進行烘烤。

POINT

像雜菜這種湯汁較少的熟菜，
非常適合用來當成熱壓三明治的配料。
無論是炒的還是油炸的，
大家要不要嘗試看看雜菜的各種可能性呢？

《美乃滋》

整面 ＋ 整面

《烘烤法》

4分 ≫ **3分**

單面
弱火（稍強）

另一面
弱火（稍強）

閒暇的日子，就連食材也來親手做做看吧

花點小工夫來製作美味三明治

帶有奶油香氣的焗烤馬鈴薯甜味令人滿足

多菲內焗烤馬鈴薯三明治

【食材】
❖的製作法請參照各自的食譜
① 喜歡的火腿…2 片
② ❖多菲內焗烤馬鈴薯…適量
③ 巴西利葉…少許

【製作方法】
1 在一片吐司上擠出整面的美乃滋，接著依序擺上食材。
2 沿著另一片吐司的邊緣和中央擠出美乃滋，最後蓋到 1 上，進行烘烤。

POINT

在食材裡加入起司也會很美味。多菲內焗烤馬鈴薯如果在前一天做好，經過靜置入味後，美味程度會有所提升。

《美乃滋》

整面 ＋ 邊＋中央

《烘烤法》

 》

單面　　　　　另一面
弱火（稍強）　弱火（稍強）

【❖[多菲內焗烤馬鈴薯]的食譜】

◎食材（容易製作的分量）
馬鈴薯…中型 5 個（500g）
蒜泥…1/2 片的量
鮮奶油（乳脂肪 45% 的品項）…1 杯
牛奶…1 杯
鹽…1 小匙
起司（有的話請選用帕馬森起司）…適量

◎製作方法
1 剝除馬鈴薯的皮後，切成薄片，然後放進用蒜泥塗抹過內側的耐熱容器內。
2 在鍋子裡放入鮮奶油和牛奶，攪拌後加熱，接著放入鹽，再倒進 1 的容器裡，然後用 170℃的烤箱烤 40 分鐘左右。
3 在 2 中撒上起司，然後用 180℃的烤箱再烤 15 分鐘。

特別日子的一品也能簡單完成！

牛排三明治

【食材】

❖的製作法請參照各自的食譜

① ❖馬鈴薯泥…2 大匙

② ❖炒洋蔥…2 大匙

③ ❖牛排…2 片

④ 西洋菜（大概切一下）…2 株的量

【製作方法】

1 沿著一片吐司的邊緣和中央擠出美乃滋，接著鋪上馬鈴薯泥，再依序擺上剩下的食材。

2 在另一片吐司上擠出整面的美乃滋，最後蓋到 1 上，進行烘烤。

POINT

用炸馬鈴薯來替代
馬鈴薯泥也非常好吃。

《美乃滋》

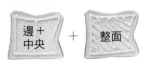

邊＋中央 ＋ 整面

《烘烤法》

4分 » 4分

單面　　　　另一面
弱火（稍強）　弱火（稍強）

【❖ [馬鈴薯泥] 的食譜】

◎食材（容易製作的分量）

馬鈴薯（男爵）…中型 3 個（300g）

無鹽奶油（切塊）…75g

牛奶（加熱）…1/2 杯

◎製作方法

1 剝除馬鈴薯的皮後，切成 2cm 厚的片狀，然後放入加進 10g 的鹽（分量外）的熱水中煮，等到變軟後，在還是熱的狀態下用篩網過篩。

2 將 1 移到鍋子裡，開弱火煮到水分蒸散，最後一點一點地加入奶油、牛奶，攪拌調合。

【❖ [炒洋蔥] 的食譜】

◎食材（容易製作的分量）

洋蔥…小型 1 個

沙拉油（或是橄欖油）…少許

萬能醬…2 小匙

◎製作方法

1 洋蔥順著纖維垂直切成 1cm 寬的片狀，在平底鍋內倒入油加熱，放入洋蔥炒到變軟，最後讓整體都均勻地沾上萬能醬。

❖製作萬能醬。將洋蔥泥（小型 1 個的量）混合蒜泥（1/2 小匙）後，寬鬆地包上保鮮膜，放進微波爐加熱 1 分鐘。接著加入醋（1/4 杯）、三溫糖和醬油（各 2 大匙）、鹽（1.5 小匙）、第戎芥末醬（1 小匙）、黑胡椒（少許）後混合，再一點一點地加入沙拉油（1/2 杯），然後用打蛋器均勻地攪拌調合。

【❖ [牛排] 的食譜】

◎食材（容易製作的分量）

牛排肉（1.5cm 左右的厚度）…1 片

橄欖油…少許

◎製作方法

1 將牛排肉恢復至常溫，撒上適量的鹽和黑胡椒（分量外）。

2 將橄欖油倒入並均勻沾附用強火加熱的平底鍋後，將 1 的肉的兩面各煎 2 分鐘，將肉煎出焦色。

3 煎好之後從平底鍋中取出，靜置 4 分鐘左右，再分切成方便後續調理的大小。

熱壓三明治・花點小工夫來製作美味三明治

散發蒜香味的醬料與雞蛋的協調性讓人驚豔

西班牙馬鈴薯蛋餅三明治

【食材】

❖的製作法請參照各自的食譜

① ❖大蒜蛋黃醬⋯2 小匙
② ❖鑲入甜椒的西班牙馬鈴薯蛋餅
　　（3×8cm）⋯2 條
③ 芝麻菜（大概切一下）⋯少許

【製作方法】

1 沿著一片吐司的邊緣和中央擠出美乃滋，接著塗上大蒜蛋黃醬，再依序擺上剩下的食材。
2 在另一片吐司上擠出整面的美乃滋，最後蓋到 1 上，進行烘烤。

POINT

如果不喜歡蒜味的話，
可以不用大蒜蛋黃醬，全部使用美乃滋。

《美乃滋》

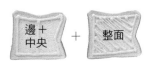

邊＋中央　＋　整面

《烘烤法》

單面　　　　　　　另一面
弱火（稍強）　　　弱火（稍強）

【❖ [大蒜蛋黃醬] 的食譜】

◎食材（容易製作的分量）
雞蛋⋯1 個
蒜泥⋯1 片的量
檸檬汁⋯1/2 個的量
鹽⋯1 小撮
橄欖油⋯1 又 1/4 杯

◎製作方法

1 在大型的縱長容器（大調理杯等等）內放進橄欖油以外的全部食材，然後用手持攪拌器攪拌。接著一點一點地加入橄欖油，持續打發，直到出現像是美乃滋那樣的硬度。
※如果沒有手持式攪拌器的話，也可以使用食物調理機製作。

【❖ [鑲入甜椒的西班牙馬鈴薯蛋餅] 的食譜】

◎食材（直徑 21cm 的平底鍋 1 個的量）
馬鈴薯⋯中型 5 個（500g）
洋蔥⋯1 個
甜椒（紅）⋯1/2 個
橄欖油⋯適量
雞蛋⋯4 個

◎製作方法

1 剝除馬鈴薯的皮後，切成 1cm 寬的銀杏形，洋蔥和甜椒則是切成 1cm 的小塊。
2 將洋蔥放入平底鍋中，倒入淹到洋蔥一半的橄欖油，加入少許的鹽（分量外），開弱火翻炒到軟化。然後放進馬鈴薯，加入少許的鹽（分量外），以弱火拌炒 20 分鐘左右。接下來加入甜椒快速翻炒一下，然後關火，移到篩網上濾掉油脂。
3 將雞蛋打入調理碗中，放入 2 混合，再倒入加熱過的平底鍋中，以弱火煎到邊緣凝固後，翻面再煎 5 分鐘左右。翻面時，使用較大的盤子會比較妥當。

微苦的油菜花和櫻花蝦的香氣都相當美味

櫻花蝦歐姆蛋三明治

【食材】
❖的製作法請參照各自的食譜
① ❖摻入櫻花蝦的歐姆蛋
　　（3×8cm）…2塊
② ❖炒油菜花…油菜花2株的量
　　（切成3cm長）
③ 披薩用起司…適量

【製作方法】
1 在兩片吐司上擠出整面的美乃滋，其中一片依序擺上食材，再將另一片吐司蓋上去，進行烘烤。

POINT

炒到帶點焦色的油菜花是重點所在。
如果不是能入手油菜花的時期，
也推薦使用綠花椰菜來進行同樣的調理法。

《美乃滋》

整面 ＋ 整面

《烘烤法》

 ≫

4分　　　3分
單面　　　另一面
弱火（稍強）　弱火（稍強）

【❖[摻入櫻花蝦的歐姆蛋]的食譜】

◎食材（容易製作的分量）
雞蛋…3個
乾燥櫻花蝦…3大匙
砂糖…1小匙
鹽…少許
沙拉油…少許

◎製作方法
1 將雞蛋、櫻花蝦、砂糖、鹽巴攪拌調合，接著在平底鍋中倒入沙拉油，製作歐姆蛋。

【❖[炒油菜花]的食譜】

◎食材（一人份）
油菜花（かき菜、アスパラ菜[以上皆為日本品種]等跟油菜花一樣帶花芽的都可以）…2株
橄欖油…少許
鹽…少許

◎製作方法
1 將油菜花浸入冰水中數分鐘，讓其更加緊實。接著瀝乾水分，切成3cm長的小段（莖比較粗的話，先縱向對半切開）。
2 加熱平底鍋，放入橄欖油、油菜花、鹽，翻炒到出現焦色。

作為基底的義大利麵，和茄汁風味的肉巧妙結合

茄汁豬排三明治

【食材】
❖的製作法請參照各自的食譜
① ❖巴西利奶油義大利麵…適量
② ❖茄汁豬排（3cm 寬）…3 片

【製作方法】
1 沿著兩片吐司的邊緣擠出美乃滋，其中一片鋪
　上巴西利奶油義大利麵、接著擺上均勻沾上醬
　汁的茄汁豬排，最後再將另一片吐司蓋上去，
　進行烘烤。

POINT

因為食譜中的茄汁豬排的醬汁風味比較濃厚，所
以建議在製作鋪在基底的巴西利奶油義大利麵
時，可增加巴西利的量。

《美乃滋》

《烘烤法》

單面　　　　　另一面
弱火　　　　　弱火

【❖ [巴西利奶油義大利麵] 的食譜】

◎食材（容易製作的分量）
義大利麵（乾燥）…90g
奶油…5g
巴西利（切碎）…1 小撮

◎製作方法
1 依照包裝袋上的標示時間來煮義大利麵，瀝乾水分後，
　把麵條和奶油與巴西利均勻混合。

【❖ [茄汁豬排] 的食譜】

◎食材（容易製作的分量）
豬梅花肉（炸豬排用）…1 片
小麥粉…少許
沙拉油…少許
奶油…10g
洋蔥…1/2 個
蘑菇（切薄片）…3 個的量
番茄醬…4 大匙
紅酒…1/8 杯
水…1/4 杯

◎製作方法
1 切斷豬肉的筋，撒上一些鹽和黑胡椒（分量外），接
　著裹上薄薄一層的小麥粉。
2 在平底鍋中倒入沙拉油，將 1 的豬肉煎到兩面都出現
　焦色後取出。
3 將 2 的平底鍋稍微清洗一下，接著以弱火加熱奶油，
　然後放入洋蔥和蘑菇翻炒，再加入少許的鹽、黑胡椒
　（分量外）、番茄醬。直到番茄醬的顏色變深之前都
　不要太常去翻動它，就這樣放著加熱。
4 將紅酒和水加入 3，接著放入豬肉，燉煮到肉都均勻
　沾上醬汁後取出，再切成 3cm 寬的小塊。
5 繼續燉煮殘留在平底鍋中的 4 的醬汁，直到出現濃稠
　感，最後再讓肉均勻地沾上這個醬汁。

裏上濃厚起司的蔬菜是韻味的主體

戈爾貢佐拉起司雞肉三明治

【食材】
❖的製作法請參照各自的食譜
① ❖炒菠菜・戈爾貢佐拉風味…2 大匙
② ❖焗炒雞肉（3cm 寬）…2 片
③ ❖蜂蜜蘋果…6 片
④ 披薩用起司…2 小匙

【製作方法】
1 沿著一片吐司的邊緣和中央擠出美乃滋，接著
　依序擺上食材。
2 在另一片吐司上擠出整面的美乃滋，最後蓋到
　1 上，進行烘烤。

POINT

如果不喜歡戈爾貢佐拉起司，
也可以換成其他種類，或者改用奶油翻炒。

《美乃滋》

《烘烤法》

單面　　　另一面
弱火　　　弱火

【❖ [炒菠菜・戈爾貢佐拉風味] 的食譜】

◎食材（容易製作的分量）
菠菜…1 束（200g）
鹽…少許
戈爾貢佐拉起司…20g
鮮奶油（乳脂肪 35% 的品項）…1 小匙

◎製作方法
1 將菠菜放入加進鹽的熱水裡煮一下，接著再浸入冷水，
　再盡可能擰去水分後，切成 3cm 長的小段。
2 將 1 的菠菜放入沒有放油的平底鍋中，翻炒到表面變
　乾，接著關火，在還是熱的狀態下放入戈爾貢佐拉起司
　和鮮奶油攪拌，均勻地沾上整體。
3 嚐看看味道，如果不夠鹹的話可視情況加鹽調整。

【❖ [焗炒雞肉] 的食譜】

◎食材（容易製作的分量）
雞腿肉…1 片
橄欖油…少許

◎製作方法
1 雞腿肉剔除多餘的脂肪後，撒上一些鹽和黑胡椒（分
　量外），接著恢復至常溫。
2 以強火加熱平底鍋，倒入橄欖油，將 1 的雞腿肉以皮
　朝下的方式開始煎。過程中用廚房紙巾吸取滲出的油
　脂，待雞皮出現焦色、變得緊實後翻面。
3 轉弱火，稍微壓一下雞腿肉較厚的部分，如果出現回
　彈的彈力，就將火關掉。

【❖ [蜂蜜蘋果] 的食譜】

◎食材（容易製作的分量）
蘋果…1 個
細砂糖…少於 1 大匙
檸檬汁、蜂蜜…各 1/2 小匙

◎製作方法
1 剔除蘋果的皮後，切成 2cm 的小塊再放入鍋子內，接
　著撒上細砂糖，靜置 30 分鐘左右，直到水分滲出。
2 以弱火加熱 1 的鍋子，蓋上烘焙紙當成蓋子，並且在
　燉煮過程中適時地攪動。煮到水分蒸散後關火，加入
　檸檬汁和蜂蜜，均勻地沾上整體。

熱壓三明治・花點小工夫來製作美味三明治

加入雞肉、分量十足的根菜類，在起司的伴隨下一同登場

金平牛蒡雞肉三明治

【食材】

❖的製作法請參照右方的食譜

① ❖金平牛蒡雞肉…適量

② 披薩用起司…適量

【製作方法】

1 在兩片吐司上擠出整面的美乃滋，其中一片依序擺上食材，再將另一片吐司蓋上去，進行烘烤。

POINT

單純使用金平牛蒡也很好吃。

也可以把雞肉換成豬肉。

《美乃滋》

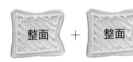

整面 ＋ 整面

《烘烤法》

單面　　　　　另一面

弱火（稍強）　弱火（稍強）

【❖［金平牛蒡雞肉］的食譜】

◎食材（容易製作的分量）

雞腿肉…1 片

牛蒡…1/2 根

紅蘿蔔…1/2 根

芝麻油…少許

綜合調味料（酒、味醂、醬油、砂糖各 1 大匙調合）

…3 大匙

切片辣椒…1 條的量

核桃（切碎）…3 大匙

焙煎白芝麻…1 大匙

◎製作方法

1 雞腿肉剔除多餘的脂肪後，切成 2cm 的小塊。牛蒡清洗乾淨後，縱向對半切開，再斜切成 2mm 厚的片狀，接著稍微泡一下水，再將水分瀝乾。紅蘿蔔切成 2mm 厚的銀杏形。

2 將油倒入平底鍋中，以中火翻炒雞腿肉，等到肉的顏色變了後，將 1 的牛蒡和紅蘿蔔也加進去翻炒。待整體都沾上油脂，蔬菜也炒到稍微變軟後，放入綜合調味料和辣椒、繼續炒到水分蒸散為止。

3 放入核桃和焙煎白芝麻，稍微拌一下後關火。

※如果覺得味道不夠的話，可以少量追加綜合調味料來進行調整。

魚肉香腸和雞蛋的搭檔讓人感到愉悅

魚肉香腸三明治

【食材】
❖的製作法請參照各自的食譜
① ❖摻入苦瓜的歐姆蛋（切成 8x3cm 的大小）
　　…2 條
② ❖番茄醬炒魚肉香腸…6 片
③ 披薩用起司…2 大匙左右

【製作方法】
1 在兩片吐司上擠出整面的美乃滋，其中一片依
　序擺上食材，再將另一片吐司蓋上去，進行烘
　烤。

POINT

如果是當令的新鮮苦瓜，
苦味就會比較淡，吃起來更容易入口。

《美乃滋》

整面 ＋ 整面

《烘烤法》

單面　　　　　另一面
中火（稍強）　弱火（稍強）

【❖ [摻入苦瓜的歐姆蛋] 的食譜】

◎食材（容易製作的分量）
苦瓜…大型 1/4 條的量
豬油…軟管裝 5cm 的量
雞蛋…3 個

◎製作方法
1 用湯匙將苦瓜中的棉狀纖維去除，切成 5mm 厚的小
　塊。將雞蛋打入調理碗中，加入少量的鹽（分量外）
　攪拌使其溶解。
2 將豬油放入平底鍋中加熱，再放入苦瓜翻炒。炒到稍
　微變軟後，撒上鹽和黑胡椒（分量外），再稍微拌炒
　後從平底鍋取出。
3 用廚房紙巾擦拭平底鍋，放入少量的沙拉油（分量外）
　後開弱火，待平底鍋加熱後，混合 **1** 的蛋液和 **2** 的苦
　瓜，放進鍋內，依循製作歐姆蛋的要領繼續調理。

【❖ [番茄醬炒魚肉香腸] 的食譜】

◎食材（容易製作的分量）
魚肉香腸…1 條
番茄醬…1 大匙

◎製作方法
1 將魚肉香腸斜切成 1cm 厚的的薄片，再將沙拉油（分
　量外）倒入平底鍋內加熱，以中火翻炒魚肉香腸。接
　著加入番茄醬，炒到魚肉香腸均勻地沾上醬汁。最後
　撒上少許黑胡椒（分量外），再拌炒一下。

洋溢海潮氣息的乾咖哩與和風香草是決勝關鍵

鹿尾菜乾咖哩三明治

【食材】

❖的製作法請參照各自的食譜

① ❖鹿尾菜乾咖哩…適量

② 焙煎白芝麻…1 小匙

③ ❖鹽拌小黃瓜與茗荷…1 大匙

④ 披薩用起司…2 大匙

⑤ 水煮蛋（在煮沸的水中煮 6 分半鐘）…1 個

【製作方法】

1 在兩片吐司上擠出整面的美乃滋，其中一片鋪
上乾咖哩，再放上瀝乾水分的鹽拌小黃瓜與茗
荷、起司。接著灑上白芝麻，放上水煮蛋，最
後再將另一片吐司蓋上去，進行烘烤。

POINT

因為乾咖哩的水分較少，
所以可以不必調節硬度，直接使用。

《美乃滋》

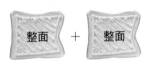

整面　＋　整面

《烘烤法》

單面　　　　　另一面
弱火（稍強）　弱火（稍強）

【❖ [鹿尾菜乾咖哩] 的食譜】

◎食材（容易製作的分量）

蒜頭（切碎）…1 片的量

薑（切碎）…約拇指第一關節長的量

沙拉油…1 大匙

辛香料（咖哩粉 ・2 大匙、孜然粉 ・1 小匙、
芫荽籽粉 ・1 小匙）

豬絞肉…150g

乾燥鹿尾菜…10g（加水泡開）

酒、醬油…各 1 大匙

◎製作方法

1 將蒜頭、薑、沙拉油放入平底鍋中，以弱火煮到香氣
飄出後，再加入辛香料並轉中火，接著加入豬絞肉，
持續翻炒到肉的顏色出現變化。

2 將瀝乾水分的鹿尾菜加入 1 拌炒，接著放入酒、醬油，
持續翻炒到水分蒸散，最後用鹽和黑胡椒（分量外）
調味。

【❖ [鹽拌小黃瓜與茗荷] 的食譜】

◎食材（容易製作的分量）

小黃瓜…1 條

茗荷…1 個

鹽…1/4 小匙

◎製作方法

1 將小黃瓜和茗荷切成薄片，接著用鹽搓揉後靜置 15 分
鐘，最後擰去水分。

熱壓三明治・花點小工夫來製作美味三明治

51

甜滋滋、熱騰騰，連心都暖了起來
夾進去烘烤，甜點也不例外！

甜甜的紅豆與鬆軟且口味柔和的起司簡直是絕配
紅豆沙與馬斯卡彭起司三明治

【食材】
① 紅豆沙（市售品）…4 大匙
② 馬斯卡彭起司…2 大匙

【製作方法】
1 從一片吐司的邊緣開始，像是堆土堤那樣擺上紅豆沙，中央放上馬斯卡彭起司，最後再將另一片吐司蓋上去，進行烘烤。

POINT

如果剛烤好就馬上切開的話，會讓馬斯卡彭起司流出來，
所以請在完成後靜置 2 ～ 3 分鐘再進行分切。
若是想要剛做好就馬上享用，請使用刀子和叉子。

《美乃滋》　無　＋　無　　《烘烤法》　2分　》　2分
　　　　　　　　　　　　　　　　　　單面　　另一面
　　　　　　　　　　　　　　　　　　中火　　中火

肉桂的香氣讓整體都洋溢著高雅的氣息
肉桂蘋果三明治

【食材】
① 奶油起司…4 片
② 蛋糕糖漿（楓糖漿也可以）…2 小匙
③ 燉煮蘋果…8 片
④ 肉桂粉…少許

【製作方法】
1 在一片吐司上淋上蛋糕糖漿，接著擺上奶油起司和燉煮蘋果，再撒上肉桂粉，最後再將另一片吐司蓋上去，進行烘烤。

POINT

燉煮蘋果可參考 P.45 的 [蜂蜜蘋果] 食譜的流程進行製作。
但是食材只使用同分量的蘋果、砂糖、檸檬汁而已。
不會使用蜂蜜。

《美乃滋》　無　＋　無　　《烘烤法》　2分　》　1.5分
　　　　　　　　　　　　　　　　　　單面　　另一面
　　　　　　　　　　　　　　　　　中火（強）中火（強）

53

說到烘烤後讓人感到幸福之物的結晶，就是這一款吧

鳳梨與生焦糖三明治

【食材】
① 罐裝鳳梨（片狀）…2 片
② 奶油起司…4 片
③ 生焦糖…2 個
④ 烘烤椰子粉…少許

【製作方法】

1 將罐裝鳳梨的水分瀝乾後，用廚房紙巾等吸收剩餘水分，接著縱向對半切開後擺在一片吐司上，再放上奶油起司、生焦糖。

2 撒上椰子粉，最後再將另一片吐司蓋上去，進行烘烤。

POINT

如果使用新鮮的鳳梨，甜味會被抑制。
這種情況下，可以用奶油稍微炒一下。

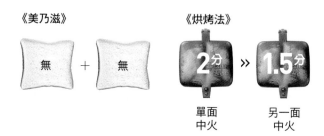

《美乃滋》
無 ＋ 無

《烘烤法》
2分 》 1.5分
單面　　　另一面
中火　　　中火

選用以火加熱後，就會展現不同美味的食材

香蕉與巧克力三明治

【食材】
① 香蕉（切成 5mm 厚的薄片）
　…1/2 條的量
② 摻入堅果的巧克力點心…適量
※ 這裡使用的是森永製菓的產品
　『小枝』共 12 根

【製作方法】

1 在一片吐司上序擺上食材，接著灑上少許的鹽（分量外），最後再將另一片吐司蓋上去，進行烘烤。

POINT

如果能取得的話，推薦使用鹽之花（大顆的日曬鹽，法國產的相當有名）。除了脆脆的口感之外，還能讓成品帶有高檔的氣息。

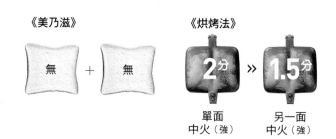

《美乃滋》
無 ＋ 無

《烘烤法》
2分 》 1.5分
單面　　　另一面
中火（強）　中火（強）

熱壓三明治，夾進去烘烤，甜點也不例外！

《西荻 Hütte》的
Hot Sand Brunch

即便是在平時就使用當令食材的同店料理之中，
也存在相當受歡迎、只在午餐時段提供的「熱壓三明治定食」。

◎將熱壓三明治作為主餐的定食「Hot Sand Brunch」，以一個禮拜為單位變化菜單的定食風格獲得廣大的歡迎。主角熱壓三明治，是用熱壓三明治經典中的經典「巴烏魯」製作。

◎除了熱壓三明治之外，還有淋上自家製醬料的沙拉、馬鈴薯國王餅、箸休（小份的配菜）等，能夠確實攝取蔬菜這一點相當令人欣喜。

可選擇的飲料

箸休小菜

淋上自家製醬料的沙拉

本日的熱壓三明治
牛排三明治
>>> P36

馬鈴薯國王餅
>>> P64

某一天的餐盤情景

※「Hot Sand Brunch」的服務目前暫停中。後續調整請參照《西荻 Hütte》的 Facebook 或 Instagram 訊息。

Part:2

用熱壓三明治烤盤就能製作的快捷料理

Recipes of Hot Sandwich Maker Dish

如果把熱壓三明治烤盤當成小型的平底鍋來使用的話，
相較於鍋子或平底鍋，能夠更簡單地完成美味的料理。

不是蒸，而是烤。微焦處最棒了！

烤包子

【食材與製作方法】（1人份）
在熱壓三明治烤盤塗上奶油（適量），接著擺上冷凍食品包子（1個），然後兩面都烤到出現焦色。

POINT

放到變乾的包子，請稍微用水沾濕後再進行烘烤。

《烘烤法》

單面　　　　　另一面
弱火（稍強）　　弱火

口感脆脆的，讓人停不下筷子！

烤燒賣

【食材與製作方法】（1人份）
在熱壓三明治烤盤塗上沙拉油（適量），接著擺上冷凍食品燒賣（適量），然後兩面都烤過。

POINT

非常推薦用來當成便當的配菜。不會變得軟趴趴的。

《烘烤法》

單面　　　另一面
弱火　　　弱火

輕鬆完成平底鍋很難製作的酥脆餃子

起司餃子

【食材與製作方法】（1 人份）
在熱壓三明治烤盤塗上沙拉油（適量），
接著擺上冷凍食品餃子（適量），再放上
披薩用起司（2 大匙），然後兩面都烤過。

POINT

沾一點加入較多黑胡椒的醋或醬料來品嘗
會很好吃。

《烘烤法》

單面	另一面
弱火	弱火

烤過就能散發甜辣的炸物香氣

烤稻荷壽司

【食材與製作方法】（1 人份）
熱壓三明治烤盤上什麼都不塗，直接擺上
稻荷壽司（適量），然後兩面都烤過。

POINT

即使是昨天剩下來、已經變硬的稻荷壽司
還是可以使用。

《烘烤法》

單面	另一面
弱火	弱火

接近炒飯的雞蛋拌飯

煎蛋飯

【食材與製作方法】（1人份）
將白飯（飯碗1碗的量）、柴魚片、焙煎
白芝麻、切小段的萬能蔥（各適量）、鹽
（少許）、白高湯和芝麻油（各1大匙）
混合，再打入雞蛋（1個）大致攪拌，最
後倒入塗上芝麻油（適量）的熱壓三明治
烤盤，然後兩面都烤過。

POINT

使用冷飯也可以。打入雞蛋後，不要攪拌
得太過頭是訣竅所在。在表面也撒上芝麻
的話，香氣就會更吸引人。

《烘烤法》

3分 » 2分

單面　　　另一面
中火　　　中火

經過烘烤，提升半片的鬆軟口感

烤半片

【食材與製作方法】（1人份）
將半片（1片）切成一半的厚度，其中一
片鋪上剝散的明太子（1大匙），再擺上
融化型的起司片（1片）、紫蘇葉（2片），
接著將另一片半片蓋上去。最後在熱壓三
明治烤盤的內側塗上奶油（適量），進行
烘烤。

POINT

即便什麼醬料都不沾也很好吃，不過很推
薦放入少量的山葵。

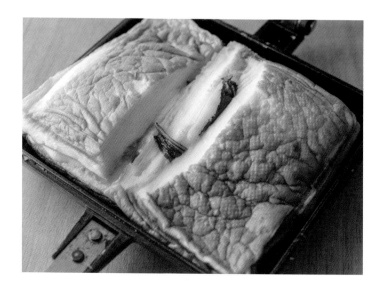

《烘烤法》

4分 » 3分

單面　　　另一面
弱火（稍強）　弱火

不必清洗烤網就能收工，做起來很愉快！

烤魚

【食材與製作方法】（1人份）
在熱壓三明治烤盤的內側塗上沙拉油（適
量），接著擺上魚片（1片），然後兩面
都煎過。

POINT

只要能放進熱壓三明治烤盤，就算是沙丁
魚或柳葉魚這種非切片魚也沒問題。

《烘烤法》

4分	»	4分
單面 弱火（稍強）		另一面 弱火（稍強）

簡單！只要這樣做就能獲得鬆軟的成品！

加熱鰻魚

【食材與製作方法】（1人份）
在熱壓三明治烤盤的內側塗上沙拉油（適
量），再擺上蒲燒鰻魚（1片），以帶皮
面朝下的方式烘烤。接著倒入日本酒（1
小匙），不要翻面，就這樣再烤1分鐘。

POINT

取出時，使用鍋鏟就不會讓魚身散掉。

《烘烤法》

2分	»	1分
單面 弱火（稍強）		另一面 弱火（稍強）

不用烤箱就能烤派，非常方便

維也納香腸派

【食材】（完成後 2 條的量）
冷凍派皮（10×10cm）…2 片
融化型起司片…1 片（切半）
顆粒芥末籽醬…1 小匙
番茄醬…1 小匙
洋蔥…少許（切片）
香腸…4 條

【製作方法】

1 在派皮上擺上起司，塗上顆粒芥末籽醬和番茄醬，再放上洋蔥，香腸兩條一排橫向排列，接著捲起派皮，並適時調整成四角形的外觀。

2 熱壓三明治烤盤上什麼都不塗，將 1 的派直接放進去，以弱火將兩面各烤 4 分鐘。

3 打開蓋子，更換派皮與熱壓三明治烤盤接觸的那面，再繼續用弱火將兩面各烤 4 分鐘。

POINT

進行包裹作業時，如果派皮過軟的話，請放進冰箱冷凍庫稍微冷卻。

《烘烤法》

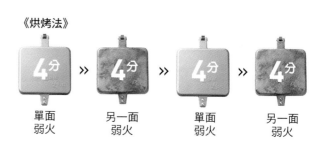

4分	4分	4分	4分
單面 弱火	另一面 弱火	單面 弱火	另一面 弱火

竄出熱氣＆酥脆可口的派皮將咖哩裹在裡面

咖哩派

【食材】（1 人份）
冷凍派皮（20×20cm）…1 片
咖哩…4 大匙
披薩用起司…2 大匙
（或者融化型起司片…1 片）

【製作方法】
1 在派皮的中央鋪上咖哩並撒上起司，接著為了能順利放進熱壓三明治烤盤中，將派皮的四個角往中間拉、整個包起來。
2 熱壓三明治烤盤上什麼都不塗，將 1 的派直接放進去，以弱火將兩面各烤 8 分鐘。

POINT

因為裡頭的咖哩很容易流出來，建議使用刀子和叉子來享用。

《烘烤法》

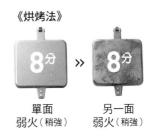

8分	»	8分
單面 弱火（稍強）		另一面 弱火（稍強）

63

輕鬆重現店家的人氣餐點

馬鈴薯國王派

【食材】（1 人份）
馬鈴薯…1 個
蒜頭…1/4 片
無鹽奶油…5g
橄欖油…1 小匙
鹽巴（如果有的話使用鹽之花）…少許

【製作方法】

1 剝除馬鈴薯的皮後，切絲。蒜頭切碎後和馬鈴薯混合。

2 在熱壓三明治烤盤的內側塗上奶油，將 1 放進去，稍微整平，烘烤 8 分鐘。

3 將熱壓三明治烤盤翻面後打開，用橄欖油在馬鈴薯的邊緣淋上一圈，然後再繼續烤 8 分鐘，等到焦色出現後，撒上鹽。

POINT

這是《西荻 Hütte》人氣餐點的簡易版本。雖然光是鹽的調味就已經很足夠了，但如果可以的話，推薦使用鹽之花。

《烘烤法》

單面　　　　另一面
極弱火　　　極弱火

烘烤無失誤，翻面也很簡單

漢堡排

【食材】（2 人份）

綜合絞肉…200g

A 洋蔥（磨泥）…1/8 個的量

　洋蔥（切碎）…1/8 個的量

　蒜泥…1/2 片的量

　生麵包粉…10g

　牛奶…2 大匙

　砂糖…2/3 小匙

　黑胡椒…少許

日本酒…2 小匙

綠花椰菜…適量（分成小段）

【製作方法】

1 在確實冷卻過的綜合絞肉中加入略少於 1/2 小匙的鹽（分量外），用手快速攪拌直到產生黏性，接著加入 A，再次快速攪拌調合。

2 在手上塗上少許的沙拉油（分量外），將 **1** 分成 2 等分，並進行塑型，盡可能讓表面平整，不要出現裂縫。

3 在熱壓三明治烤盤的內側塗上沙拉油（適量 / 分量外），將 **2** 的其中一個漢堡排放進去，單面烤 3 分鐘後，翻面打開蓋子，在空隙處放入一半的綠花椰菜，闔上蓋子再繼續烤 3 分鐘。

4 再次翻面，打開蓋子，倒入一半的日本酒後闔上蓋子，再繼續烤 1 分鐘，烤好了之後，在綠花椰菜上撒上鹽（少許 / 分量外）。

5 依循相同的要領，烘烤另一塊漢堡排和綠花椰菜。

POINT

因為已經經過妥善的調味，所以可以直接享用，但是如果有番茄醬或喜歡的醬料也可以依喜好添加。

《烘烤法》

3分	3分	1分
單面 弱火	另一面 弱火	單面 弱火

用熱壓三明治烤盤就能製作的快捷料理

輕鬆烤出脆脆的皮

焗炒雞肉

【食材】（2 人份）
雞腿肉…1/2 片
A 蒜頭…1/2 片（搗碎）
　迷迭香葉（切碎）…5cm 的量
　橄欖油…1 大匙
　鹽…1/4 小匙
迷迭香…1 支
蓮藕（帶皮）
…約整顆的 6～8 等分的量，切成 4 片
3cm 厚的片狀

【製作方法】
1 雞腿肉剔除多餘的脂肪後，和 A 一起放入塑膠袋內，充分搓揉，然後放進冰箱冷藏靜置 1 個小時以上。
2 熱壓三明治烤盤上什麼都不塗，將 1 的雞腿肉以帶皮面朝下的方式放進去，擺上迷迭香，接著烘烤 4 分鐘。
3 打開熱壓三明治烤盤，在空隙處放入蓮藕，再繼續烤 2 分鐘。
4 翻面後再繼續烤 3 分鐘，確認雞皮出現焦色後關火，在整體撒上少許的鹽和黑胡椒（分量外）。
（如果雞皮的焦色比較淡，可視情況繼續烘烤）

POINT
鹽的部分推薦使用鹽之花。
一起烘烤的蔬菜也可以換成其他種類。

《烘烤法》

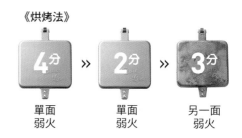

4分	2分	3分
單面弱火	單面弱火	另一面弱火

不靠烤箱來製作和風披薩

年糕披薩

【食材】（1 人份）
年糕片…4 片
美乃滋…1 小匙
和風黃芥末膏…軟管裝 2cm 的量
披薩用起司…2 大匙
魩仔魚…1 大匙
長蔥（斜切薄片）
…5cm 的量（泡水後瀝乾水分）
萬能蔥（切小段）…適量
海苔絲…少許

【製作方法】
1 在熱壓三明治烤盤的內側塗上沙拉油（適量 / 分量外），用年糕鋪滿整面，烘烤 2 分鐘。
2 將熱壓三明治烤盤翻面後打開，在年糕上塗上美乃滋和和風黃芥末膏，再撒上起司和長蔥，接著繼續烘烤 3 分鐘直到起司融化。
3 即將完成時，撒上魩仔魚、萬能蔥、海苔絲。

POINT

鋪年糕的時候，讓彼此稍微重疊是沒問題的。
若使用市售的披薩醬料，做成西式餐點口味也很好吃。

《烘烤法》

單面
弱火

另一面
弱火

用熱壓三明治烤盤就能製作的快捷料理

不必翻炒的新風格，超輕鬆！

炒苦瓜

【食材】（1人份）
豬油…軟管裝 5cm 的量
豬肉午餐肉（4×1×1cm）…8 片
苦瓜（挖除棉狀纖維，縱向對半切開，
再切成 5mm 寬的薄片）…1/8 條
木棉豆腐（4×5×1cm，瀝乾水分）
…4 片
雞蛋…1 個
A 和風高湯粉…1/2 小匙
　鹽…1 小撮
　黑胡椒…少許
　醬油…1/4 小匙
柴魚片…適量

【製作方法】
1 在熱壓三明治烤盤的內側塗上豬油，再沿著邊緣開始鋪上午餐
肉，豆腐放在中央，接著將熱壓三明治烤盤闔上，以弱火烤 4
分鐘左右，直到出現焦色。

2 將 A 混入雞蛋蛋液中，把熱壓三明治烤盤翻面打開後倒進去。
接著擺上苦瓜，闔上蓋子後繼續烤 2 分鐘。

3 將熱壓三明治烤盤再次翻面，繼續烤 1 分鐘，接著盛盤，最後
撒上柴魚片。

POINT

如果沒有豬油的話，可以改用沙拉油。
請依照個人喜好調整調理雞蛋時的火候控制。
雖然半熟狀態很好吃，不過若是要當成便當菜，請確實煎熟。

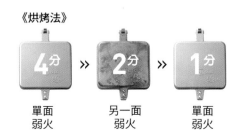

《烘烤法》

4分	»	2分	»	1分
單面 弱火		另一面 弱火		單面 弱火

比油炸食物更健康，做成類似餃子的風格

烤春卷

【食材】（1 人份）
春卷皮⋯1 片
餡料（混合下方的食材）⋯3 大匙
※ 豬絞肉⋯150g
　 香菇（大致切碎）⋯1 朵的量
　 薑泥⋯1 小匙
　 芝麻油⋯1 小匙
　 蠔油⋯1/2 小匙
　 片栗粉⋯1 大匙
豆芽菜⋯1 小撮

【製作方法】
1 在熱壓三明治烤盤的內側塗上沙拉油（適量 / 分量外），鋪上春卷皮，在中央放上春卷的餡料，將春卷皮的四個角往中間拉，整個包起來。接著以弱火將兩面各烤 4 分鐘左右。

POINT

也可以包進餃子餡來烤。
還能搭配適量的醬油、醋、和風黃芥末膏等醬料。

《烘烤法》

單面
弱火

另一面
弱火

做成四方形去烘烤，避免翻面時的失誤

御好燒

【食材】（1 人份）
御好燒粉（市售品）…1 片的量
水、雞蛋
…依照御好燒粉包裝袋的指示準備
高麗菜、長蔥、天婦羅花、紅薑
（大致切碎）…各適量
豬五花肉（8cm 長）…2～3 片
喜歡的醬料、美乃滋…各適量
海苔粉、柴魚片…各適量

【製作方法】

1 將御好燒粉跟水、雞蛋混合，接著加入其他的麵糊材料後攪拌調合。

2 在熱壓三明治烤盤的內側塗上沙拉油（適量／分量外），然後擺上豬五花肉，再倒入 **1** 的麵糊，接著用弱火將兩面各烤 4 分鐘左右。

3 烤好後，淋上醬料和美乃滋，最後撒上海苔粉和柴魚片。

POINT

除了豬五花肉之外，隨意變化各種食材也是箇中樂趣所在。
放入紫蘇葉或起司也很美味。

《烘烤法》

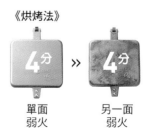

單面
弱火

另一面
弱火

大發現！速食麵變成另一種料理

烤速食麵

【食材】（2 人份）

速食麵（鹽味豚骨風味）
…1 包（湯粉使用 1 又 1/2 小匙）
高麗菜（大致切一下）
…少於 1 小把
豆芽菜…少於 1 小把
沙拉油…2 小匙
紅薑（切絲）…適量
芝麻粉…少許

【製作方法】

1 將速食麵和 1/2 杯的熱水（分量外）放入熱壓三明治烤盤內，以弱火烤 3 分鐘後，再放入高麗菜和豆芽菜。

2 將 1/4 杯的熱水（分量外）和速食麵的湯粉、沙拉油均勻混合，然後將一半的量倒入 **1**，接著維持同一面繼續烤 2 分鐘。

3 打開熱壓三明治烤盤，如果水分已經蒸散的話，闔上蓋子翻面，把另一半的湯倒進去，繼續烤 2 分鐘左右，待整體均勻混合後，撒上紅薑和芝麻粉。

POINT

將熱壓三明治烤盤翻面時，如果裡面還留有水分的話很可能會漏出來，所以請務必謹慎確認內部的狀況。假使還有水分的話，就稍微延長烘烤的時間。本食譜選用了鹽味豚骨風味，不過換成其他的口味也很好吃。

《烘烤法》

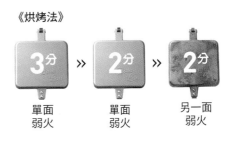

単面
弱火 » 単面
弱火 » 另一面
弱火

用雙格烤盤縮短時間。事後清洗也很輕鬆！

荷包蛋與香腸

【食材】（1人份）
香腸…3 條
雞蛋…1 個
鹽巴、黑胡椒…各少許

【製作方法】

1 在雙格熱壓三明治烤盤的其中一側空間放入香腸，以弱火（稍強）烤 2 分鐘。

2 將熱壓三明治烤盤翻面後打開，在另一側的空間塗上少許沙拉油（分量外），接著將雞蛋打入，以弱火再繼續烤 2 分半鐘左右。

3 烤好後，在 **2** 的荷包蛋上撒上鹽和黑胡椒。

POINT

雙格類型的熱壓三明治烤盤，
能夠同時調理不同的食材，相當便利。
做早餐或是便當的時候都是相當重要的道具。

《烘烤法》

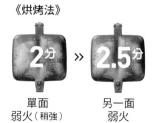

2分 » 2.5分

單面
弱火（稍強）

另一面
弱火

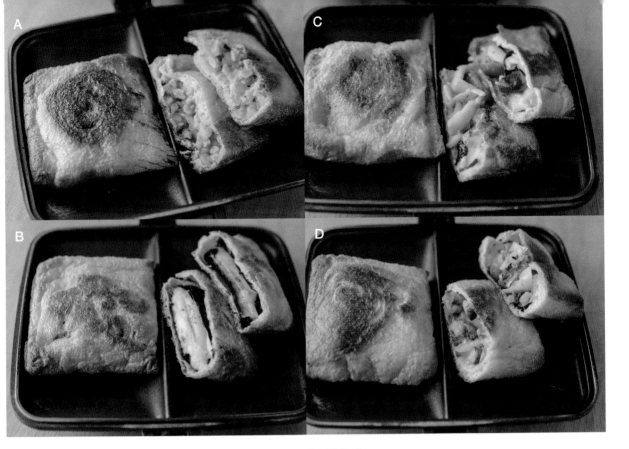

炸豆包很方便！不管是點心還是下酒菜都能輕鬆完成

四個種類的狐狸燒

【製作方法】

1 將炸豆包（1 片）對半切開，成為袋子狀，接著將 A ～ D 的食材各自填入一半
的量，再用弱火將兩面各烤 4 分鐘。

A. 味噌納豆

將納豆（1 包）、洋蔥（切碎 /1 大匙）、味噌（1
大匙）、砂糖（1 小匙）均勻混合。

B. 起司年糕

在烤海苔（5×10cm/2 片）上塗上山葵醬（少許），
再連同融化型起司片（1 片對半切開）對半折起，從
上下包住年糕片（2 片）。

C. 起司香菇

將一～數種菇類（適量）用橄欖油和切碎的的蒜頭
（各適量）翻炒，再加入鹽和黑胡椒（各適量）調
味，接著靜置放涼。最後加入披薩用起司（2 大匙）
和紫蘇葉（各 1 片）。

D. 鹽漬牛肉高麗菜

將鹽漬牛肉（1 大匙）、高麗菜（大致切一下 /1 小
把）、加工起司（1cm 小塊 /2 大匙）、綜合堅果（大
致切碎 /1 大匙）、橄欖油（2 小匙）、黑胡椒（足
夠的量）均勻混合。

《烘烤法》

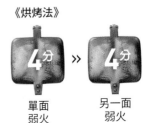

單面　　　　　另一面
弱火　　　　　弱火

用熱壓三明治烤盤就能製作的快捷料理

茶麵的鍋巴很好吃的鄉土料理

瓦片蕎麥麵風格

【食材】（1人份）
❖甜辣風炒牛肉（製作法請參考右下的❖）
　…50g
沾麵醬（一般濃度）…適量
茶麵（乾麵）…80g
錦糸卵…雞蛋1個的量
萬能蔥（切小段）…1大匙
海苔絲…少許
檸檬圓片…1片
一味唐辛子…少許
蘿蔔泥…1大匙

【製作方法】
1　製作甜辣風炒牛肉，加熱沾麵醬備用。
2　依照包裝袋上的標示時間來煮茶麵，泡進冷水後瀝乾水分後，加入沙拉油（少許／分量外）讓麵條整體均勻沾上，再放入平底鍋中稍微炒一下加熱。
3　在熱壓三明治烤盤的內側塗上沙拉油（分量外），放入2的茶麵，以中火將兩面各烤2分鐘。當表面出現些許鍋巴狀態時關火，再加入甜辣風炒牛肉、錦糸卵、萬能蔥、海苔絲。
4　將蘿蔔泥放在檸檬圓片上，撒上一味唐辛子，再和1的沾麵醬一起擺上桌。

POINT

瓦片蕎麥麵是山口縣下關市的鄉土料理。
如果牛肉不炒成甜辣風味的話，也很推薦只用鹽來進行調味。

【❖[甜辣風炒牛肉]的食譜】

◎材料（容易製作的分量）
牛肉（邊角肉）…150g
味醂、醬油、砂糖…各1大匙

◎製作方法
將適量的沙拉油（分量外）倒入平底鍋中，放入牛肉翻炒並加入調味料，炒到湯汁收乾。

《烘烤法》

單面　　　另一面
中火　　　中火

輕鬆製作知名店家的招牌料理！

包餡炒麵

【食材】（1 人份）
中華麵（炒麵用）⋯1 球
蠔油⋯1 又 1/2 小匙
芝麻油⋯1 小匙
黑胡椒⋯少許
中華丼調理包（即食商品）⋯4 大匙
長蔥（斜切成薄片）⋯5cm 的量

【製作方法】
1 用微波爐將中華麵加熱 40 秒左右，然後加入蠔油、芝麻油、黑胡椒，均勻沾上整體。
2 在熱壓三明治烤盤的內側塗上芝麻油（分量外），鋪上 1 的麵條的一半，將中華丼調理包的食材與一半的長蔥放到中心，然後用剩下的麵條蓋上去，以中火將兩面各烤 4 分鐘。
3 移到盤子上，最後以剩下的長蔥點綴。

POINT

享用的時候請將麵體剝開。另外也推薦搭配和風黃芥末膏或醋一起吃。
餡料還可以換成麻婆豆腐或青椒肉絲等，只要是中華風的話什麼樣式的菜餚都很搭。

《烘烤法》

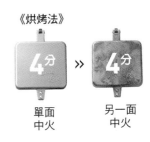

4分 » 4分

單面 中火 　　 另一面 中火

用熱壓三明治烤盤就能製作的快捷料理

運用焦化奶油讓質感再升級

法式吐司

【食材】（2人份）

蛋液
　奶油…10g
　牛奶…75ml
　鮮奶油（乳脂肪 35% 的品項）…75ml
　雞蛋…3 個
　細砂糖…45g
吐司（4 片切）…2 片
奶油（各 1 人份）…10g

【製作方法】

1 在小鍋中製作蛋液用的焦化奶油，再加入牛奶、鮮奶油，加熱到沸騰為止。

2 將雞蛋和細砂糖加入調理碗中均勻混合，接著一點一點地加入 1 並攪拌調合，製作蛋液。

3 切下吐司邊，用微波爐加熱吐司 20 秒後，浸入 2 的蛋液裡，包上保鮮膜放入冰箱冷藏靜置一晚。

4 將一半的奶油塗在熱壓三明治烤盤的內側，把一片 3 的吐司放進去，以弱火將兩面各烤 4 分鐘，接著放上剩下的奶油，再撒上適量的糖粉（分量外）。

5 依循 4 的要領，將另一片吐司烤好。

> **POINT**
>
> 也可以搭配楓糖漿或水果等一起享用。
> 切下的吐司邊拿去浸泡蛋液再烘烤的話也會很好吃。

《烘烤法》

單面
弱火　　另一面
　　　　弱火

享受肉桂與奶油的香氣

肉桂奶油吐司

【食材】（1 人份）
奶油…10g（喜歡的量）
細砂糖…10g
肉桂粉…少許
吐司（8 片切）…2 片

【製作方法】
1 在一片吐司上放上奶油，接著灑上一半的細砂糖和肉桂粉，最後再將另一片吐司蓋上去。
2 在熱壓三明治烤盤的內側塗上足夠的奶油（有的話請用無鹽的）。在其中一面撒上剩下的細砂糖，然後在這一面擺上 1 的吐司，以弱火將兩面各烤 3 分鐘。

POINT

關於是否烤好的基準，只要觀察到細砂糖溶解、
吐司的表面出現光澤時就完成了。
也推薦使用葡萄乾吐司來製作。

《烘烤法》

單面　　　　　另一面
弱火　　　　　弱火

用熱壓三明治烤盤就能製作的快捷料理

轉變成風味截然不同的烤點心！

烤大福

【食材與製作方法】（1個的量）
在熱壓三明治烤盤的內側塗上沙拉油（適量），將大福（1個）沾上薄薄的一層片栗粉（少許）之後，以弱火烘烤單面3分鐘。

POINT

取出時的基準，是已經冷卻到可以用手拿的程度。可將剛烤好的大福連同熱水（和大福體積等量）放入容器中，均勻攪拌混合後製作成汁粉風點心。

《烘烤法》

3分

單面
弱火

做起來竟是如此簡單，令人訝異！

烤栗子

【食材與製作方法】（1次的量）
在生栗子較硬的地方用刀子深深地切一刀，然後在熱壓三明治烤盤上擺上適量的栗子，進行烘烤。當皮出現焦色、剛才的切口也越張越開時就可以吃了。

POINT

如果烤過頭的話，栗子就會破裂，請務必留意。因為冷卻後皮會變得很難剝下來，所以請趁熱把皮剝掉，這時借助湯匙的輔助也會比較輕鬆。

《烘烤法》

10分 >> **8分**

單面
弱火

另一面
弱火

令人滿足的甜美餅皮與起司大為活耀

今川燒風．起司餡

【食材與製作方法】（1人份）
在雙格熱壓三明治烤盤的內側塗上奶油（適量），再倒入麵糊（各2大匙），烘烤1分半鐘。接著打開熱壓三明治烤盤，放入加工起司（1×8cm/各1片）和美乃滋（各1/2小匙），然後再次倒入麵糊（各1大匙）後，翻面繼續烤3分鐘。之後再翻面，繼續烤2分鐘。

※ 麵糊是由綜合鬆餅粉（200g）、牛奶（180ml）、雞蛋（1個）、蜂蜜（2大匙）、砂糖（1大匙）、鹽（1小撮）均勻混合製成。

 POINT

如果不使用加工起司，
而是選擇 String cheese 的話，
就能製作出「會牽絲」的今川燒風點心。

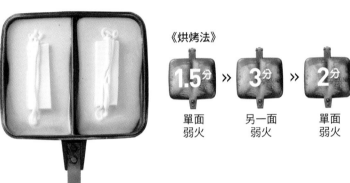

《烘烤法》

1.5分 » 3分 » 2分

| 單面
弱火 | 另一面
弱火 | 單面
弱火 |

只要烤就好！光是這麼做就超美味

今川燒風．豆沙餡

【食材與製作方法】（1人份）
在雙格熱壓三明治烤盤的內側塗上奶油（適量），再倒入麵糊（各2大匙），烘烤1分半鐘。接著打開熱壓三明治烤盤，放入紅豆沙（各1大匙），然後再次倒入麵糊（各1大匙）後，翻面繼續烤3分鐘。之後再翻面，繼續烤2分鐘。

※ 麵糊是由綜合鬆餅粉（200g）、牛奶（180ml）、雞蛋（1個）、蜂蜜（2大匙）、砂糖（1大匙）、鹽（1小撮）均勻混合製成。

POINT

關於烤好的狀態，可用手指輕壓看看，
確認是否出現回彈的反應。

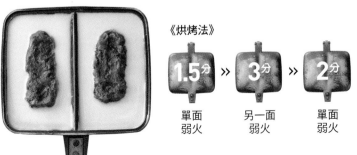

《烘烤法》

1.5分 » 3分 » 2分

| 單面
弱火 | 另一面
弱火 | 單面
弱火 |

用熱壓三明治烤盤就能製作的快捷料理

PROFILE

西荻Hütte

位於西荻窪小街道的登山小屋餐食館。使用戶外活動調理器具和
當令的食材,為顧客獻上美味又有趣的料理和酒水。
於中午提供的「Hot Sand Brunch」服務,是將超過200種的熱壓三
明治以「定食」的形式提供。希望大家都能品味和風、洋風、中華
風的食材組合所帶來的樂趣,並且在家中或露營時,甚至不管何時
何地,都能享受西荻Hütte所提供的熱壓三明治食譜。

食譜:幕田美里

TITLE

魔法道具‧熱壓烤盤的繽紛料理秀

STAFF		ORIGINAL JAPANESE EDITION STAFF	
出版	三悅文化圖書事業有限公司	監修	西荻ヒュッテ
監修	西荻Hütte	レシピ	幕田美里
譯者	徐承義	編集協力	長内研二
		撮影協力	福田雪
總編輯	郭湘齡	「山の箸置き」制作	渡辺康夫
文字編輯	張聿雯 徐承義	制作協力	FILE Publications, inc.
美術編輯	許菩真	構成	駒崎さかえ(FPI)
排版	曾兆珩	撮影	矢野宗利
製版	明宏彩色照相製版有限公司		松木潤(主婦の友社)
印刷	桂林彩色印刷股份有限公司	原稿	志村京子
			佐々木えりこ
法律顧問	立勤國際法律事務所 黃沛聲律師	校正	東京出版サービスセンター
戶名	瑞昇文化事業股份有限公司	DTP	田中滉(Take Four)
劃撥帳號	19598343	編集	中川通(主婦の友社)
地址	新北市中和區景平路464巷2弄1-4號	編集デスク	町野慶美(主婦の友社)
電話	(02)2945-3191		
傳真	(02)2945-3190	ホットサンドメーカー(バウルー)	
網址	www.rising-books.com.tw	撮影協力	イタリア商事
Mail	deepblue@rising-books.com.tw		https://www.italia-shoji.co.jp/bawloo.html

初版日期	2023年1月
定價	350元

國家圖書館出版品預行編目資料

魔法道具 熱壓烤盤的繽紛料理秀 / 西
荻Hütte監修;徐承義譯. -- 初版. -- 新
北市:三悅文化圖書事業有限公司,
2023.01
　80面; 18.2x25.7公分
譯自:ホットサンドメーカーにはさん
で焼くだけレシピ
ISBN 978-626-95514-7-7(平裝)

1.CST: 食譜

427.1　　　　　　　111018716